U0171696

史前动物与身边动物

蓝灯童画 著绘

读者出版传媒股份有限公司
甘肃科学技术出版社

恐龙出现在距今 2.3 亿年前，它们生活的时间按
地质年代可分为三叠纪、侏罗纪和白垩纪。

身体中坚硬的部分往往最容易
形成化石，比如牙齿和骨骼。

在人类诞生之前，地球上生活着许多庞然大物。

科学家根据化石骨架推测这些古老生物的外貌特征和行为习惯，至于它们的皮肤颜色，大多就只能靠想象了。

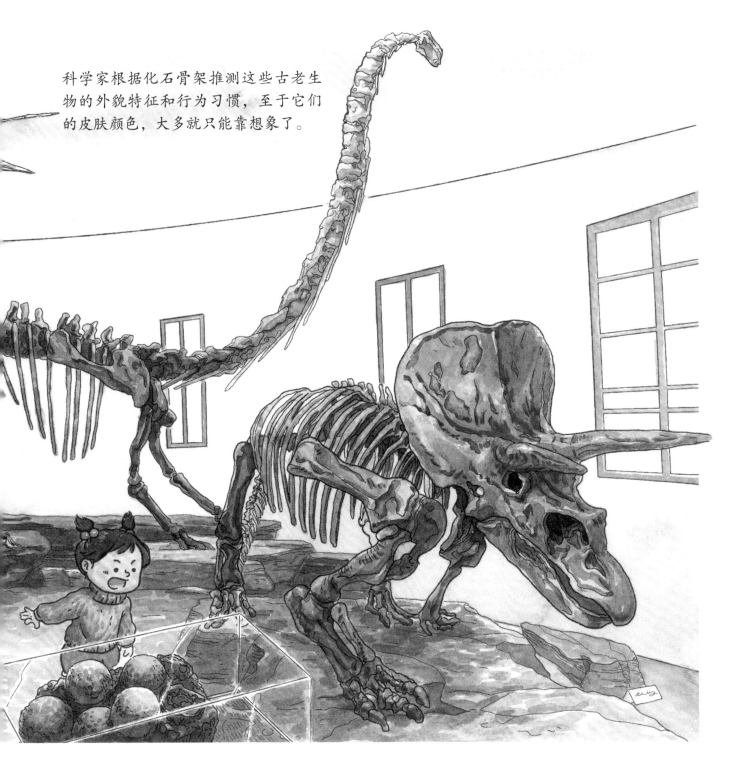

化石是古生物遗体或遗迹的重要保存形式。
它们通常保存在岩石、泥沙之中。

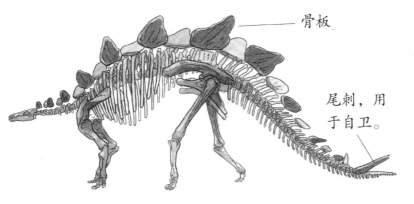

骨板

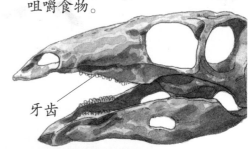

口腔深处有成排的小牙，用来咀嚼食物。

尾刺，用于自卫。

牙齿

剑龙行走时会把尾巴放平直，并使躯干与地面保持平行。

剑龙生活在距今 1.5 亿年至 1.45 亿年前的侏罗纪晚期，是一种大型植食性恐龙。它们背部长有巨大的骨板，尾部有刺。

梁龙身长约 25 米。

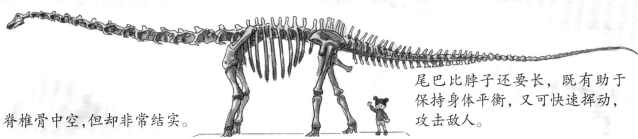

脊椎骨中空,但却非常结实。

尾巴比脖子还要长,既有助于保持身体平衡,又可快速挥动,攻击敌人。

梁龙与剑龙生活在同一时期,都以植物为食。

这种巨兽生长速度极快,只需 10 年就可以发育完全。

美颌龙的尾巴占身体总长的一半以上，这有利于它们在快速奔跑时保持身体平衡。

美颌龙化石

据推测，美颌龙身上大部分位置长有绒毛。

美颌龙出现在距今 1.5 亿年前的侏罗纪晚期，它们体型很小，大约只有鸡那么大，是小型掠食者。

美颌龙牙齿锋利，除了捕食蜥蜴，还会捕食其他小型脊椎动物。

和鸟类一样，美颌龙的骨头是中空的，这使得它们的身体非常轻盈，跑起来很快。

鸭嘴龙一般前肢短小，后肢粗壮。

鸭嘴龙的蛋直径可达 9 厘米。

鸭嘴龙的"鸭嘴"便于咬取树叶。它们嘴巴后部长有大量小牙，可将食物磨碎。

　　鸭嘴龙生活在距今 1 亿年前的白垩纪晚期，是一类恐龙的统称，它们因独特的"鸭嘴"而得名，以吃植物为生，属于群居恐龙。

似鸵龙是杂食性恐龙。它们除了吃植物新芽，还会捕食小动物和昆虫。

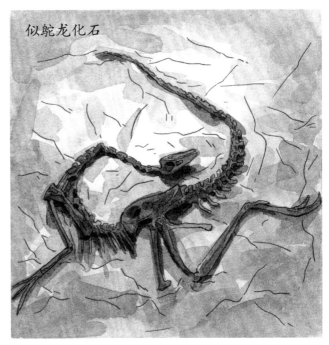

似鸵龙化石

似鸵龙的奔跑时速可达 80 千米，是恐龙世界的"短跑冠军"。

鸵鸟

似鸵龙

鸟一样的喙

后肢长而有力

爪子用于抓扯树枝，以获取食物，而非捕猎。

似鸵龙出现的时间比鸭嘴龙稍晚，它们生活在距今 7600 万到 7000 万年前的白垩纪晚期。它们的体态和奔跑方式和鸵鸟相似。

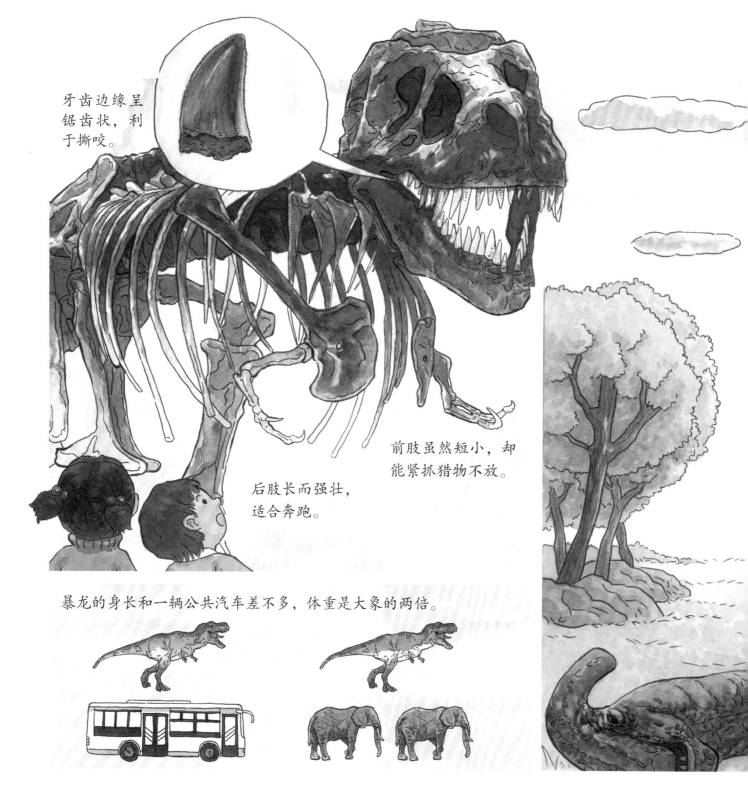

牙齿边缘呈锯齿状,利于撕咬。

前肢虽然短小,却能紧抓猎物不放。

后肢长而强壮,适合奔跑。

暴龙的身长和一辆公共汽车差不多,体重是大象的两倍。

暴龙生活在距今6700万至6500万年前的白垩纪晚期,是凶猛的食肉性动物。人们熟知的霸王龙就是暴龙家族中的一员。

暴龙会借助颈部甩动的力量，将猎物连骨头带肉撕碎。

成年暴龙身上长有鳞状皮肤。

暴龙的颌强劲有力，牙齿锋利且如岩石般坚硬，可以轻易咬碎猎物的骨头。
不少体格健壮的恐龙都是它们的猎物。

这些盔甲似的骨片大大增强了甲龙的防御能力。

甲龙身形扁平，厚实的皮肤上披着骨片，甚至眼睑上都有。

甲龙是与暴龙同时期的物种，它们身上的"盔甲"让大多数捕食者望而却步。

甲龙以植物为食。它们牙齿较小，适合咬碎植物。

甲龙尾锤巨大，足以击碎掠食者的骨头。

甲龙尾巴末端长有巨大的尾锤，这是它们最强大的防身武器。

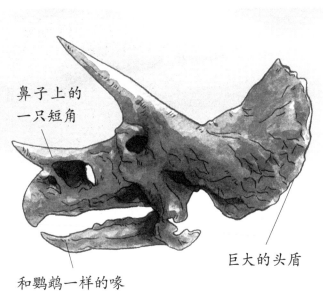

鼻子上的
一只短角

巨大的头盾

和鹦鹉一样的喙

额头上的两只角，长
度可达1米。

上下颌两侧长
有牙齿。

有力的喙和剪刀般的
牙齿，便于咀嚼苏铁、
棕榈等坚硬植物。

除了甲龙，三角龙也是白垩纪晚期的重要成员，它们因头部的三只角得名。

研究推测，三角龙的头盾和角主要用来吸引异性。

三角龙体型敦实，如同大型犀牛，体重相当于 10 吨大卡车。

真双型齿翼龙的翅膀覆盖着皮膜，可以在空中滑翔。

皮膜

伸长的第
四指骨

真双型齿翼龙的
牙齿有 100 多颗，
利于捕食鱼类，
避免滑落。

翼龙最早出现于距今 2.1 亿年至 6500 万年前的三叠纪晚期至白垩纪末期，
它们拥有翅膀，能在天空中滑翔。

风神翼龙用巨大且无牙的双颌捕食小型恐龙或恐龙幼崽。

风神翼龙生活在白垩纪。它们的身高相当于长颈鹿，翼展可达 11 米，是迄今发现的最大的翼龙之一。

翼龙虽然名字中带有"龙"字，却并非恐龙，而是恐龙的近亲。

始祖鸟化石

前肢长有可用于飞行的羽毛。

尾椎尚未退化。

始祖鸟生活在距今 1.4 亿年前的侏罗纪晚期。
它们是已知最古老的鸟类之一。

颌部长有锋利的牙齿。

不少科学家认为，现生鸟类就是一种小型肉食性恐龙的后代。

指端有利爪。

始祖鸟虽然长有飞羽，却缺乏现生鸟类那样强健的飞行肌，因此科学家推测，它们可能是靠滑翔来完成飞行的。

蛇颈龙生活在距今 1.9 亿年前的侏罗纪早期。它们的嘴可以大幅度张开捕猎。

　　如果说恐龙是陆地的霸主，那么海洋则被同时期的另一物种——蛇颈龙统治着。

菱龙生活在距今 1.99 亿至 1.45 亿年前的侏罗纪早期。它们的视觉和嗅觉敏锐，锥状的尖牙适合袭击大型猎物。跟鳄鱼一样，菱龙会借助身体的猛烈扭动来撕裂猎物。

菱龙属于短颈蛇颈龙。

长颈蛇颈龙

根据体形特点，蛇颈龙分为长颈蛇颈龙和短颈蛇颈龙。

长颈蛇颈龙颈部修长，头部较小，短颈蛇颈龙颈部粗短，头部较大。

隕石撞击地球导致火山爆发，从而产生大量毒气和火山灰。灰尘遮天蔽日，
植物无法进行光合作用，同时，地球气候急剧变化，最终导致众多物种灭绝。

距今 6500 万年前，恐龙在一场突如其来的灾难中灭绝了。

时至今日，恐龙灭绝的具体原因仍未确定。

希克苏鲁伯陨石坑，直径长达 180 千米。

有研究认为，恐龙灭绝是陨石或小行星撞击地球导致的。
后来，希克苏鲁伯陨石坑的发现似乎印证了这一推测。

你好，农场小伙伴！新的一天开始啦，快来一起玩耍吧！

卵壳
外层卵壳膜
内层卵壳膜
卵白
胚盘
卵黄膜
卵黄
系带
气室

公鸡有大大的鸡冠，艳丽的羽毛，
会发出"喔喔"的叫声。

母鸡的鸡冠较小，
一年能产约 300 个蛋，
会发出"咯咯"的叫声。

天亮了，大公鸡扑腾着翅膀，"喔喔喔"地叫个不停。

第 3 天：小鸡还是个小小的胚胎，上面的小红点就是它的心脏。

第 10 天：小鸡的翅膀、腿和喙已经长成。

第 20 天：小鸡已经发育完全啦。

 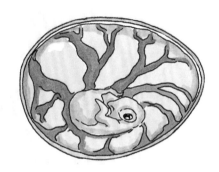 

第 21 天：小鸡用破壳齿划破外壳膜，用喙向外顶，终于破壳而出。

我们平时吃的蛋不会变成小鸡，因为它不是受精卵。

这就是小鸡诞生的过程。

它从一枚小小的受精卵发育而来，等它在蛋里发育成熟，便会破壳而出。

狗是人类最早驯化的家畜之一，是人类忠实的朋友。

雪橇犬

牧羊犬

导盲犬

缉毒犬

狗非常聪明,它们不仅能陪伴人类,和人类一起玩耍,还能为人类提供帮助。

藏獒

中华田园犬

吉娃娃　　达克斯猎犬

世界最小的犬种之一，也是目前已知的最古老的犬种之一。

因体形像腊肠，又称腊肠犬。它们是看家能手，忠诚又勇敢。

中国本土犬种之一，俗称土狗，常帮人们看家护院和狩猎。

性格凶猛，体形较大，对陌生人有强烈的敌意。

狗和狼存在着亲缘关系，现存品种有 450 种左右，世界各地都能看到它们的身影。

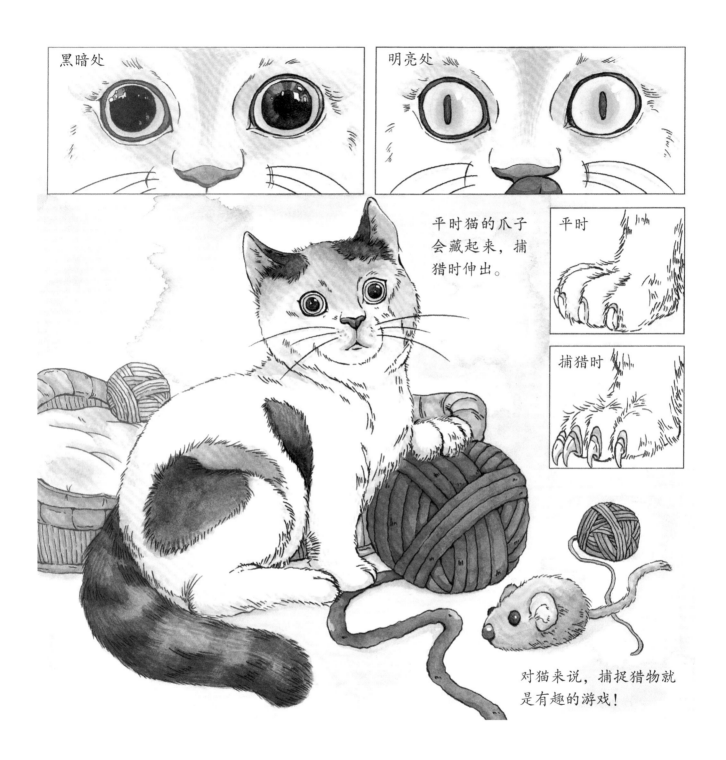

黑暗处

明亮处

平时猫的爪子会藏起来，捕猎时伸出。

平时

捕猎时

对猫来说，捕捉猎物就是有趣的游戏！

　　猫有着调皮贪玩的天性，同时又有惊人的耐性，尤其擅长捕捉老鼠。猫的视觉灵敏度是人的 6 倍，即使在夜里也能看清猎物。在昏暗的地方，它们的瞳孔圆溜溜的；在明亮的地方，则会变窄。

暹罗猫

斯芬克斯猫

英国短毛猫

缅因猫

虎斑猫

布偶猫　　　波斯猫

按照毛的长度，我们将猫分为两大类：
长毛猫和短毛猫。

猪是群居动物，喜欢挤在一起呼呼大睡。

和野猪一样，家猪会用鼻子拱地觅食。

作为杂食动物，猪对食物一点都不挑剔，极易饲养。

野猪：前躯大，后躯较小。

家猪：前躯小，后躯较大。

　　家猪由野猪驯化而来，与野猪相比，家猪的牙齿变小、变短了，个头却变大了。

在可能的情况下，猪不会在睡觉或吃饭区域附近排便。

猪拥有极灵敏的嗅觉。在法国，人们曾利用母猪寻找埋藏于地下的松露。

松露：
珍稀名贵的地下菌类，有着独特的香味。

多数人认为，猪又笨又脏，事实上，它是既聪明又爱干净的动物。

绿头鸭俗称野鸭，雄性头部有着漂亮的深绿色羽毛，雌性头部为黑色，羽缘呈棕黄色，总体毛色较雄性素雅很多。大部分家鸭都是绿头鸭的后代。

天鹅体形很大，总是成双成对。

鸭和鹅是我们生活中常见的动物，它们天生就是游泳好手。

鸭和鹅都有蹼足和防水的羽毛，方便它们游泳或潜水。

蹼足

鸭子经常用喙擦拭羽毛，其实是在涂油脂，这样羽毛就能防水了。

奶牛

黑白的花纹，大大的乳房。一头黑白花奶牛一年的产奶量可达 5000 千克。

四肢强健，肌肉发达，不仅会耕田，还能拖载重物。

黄牛

牛是勤劳的动物，它们强壮有力，是人类的好帮手。

牛共有四个胃室，只有皱胃能产生胃液。牛是反刍动物，它能将胃内已经半消化的食物倒回口腔再次咀嚼。

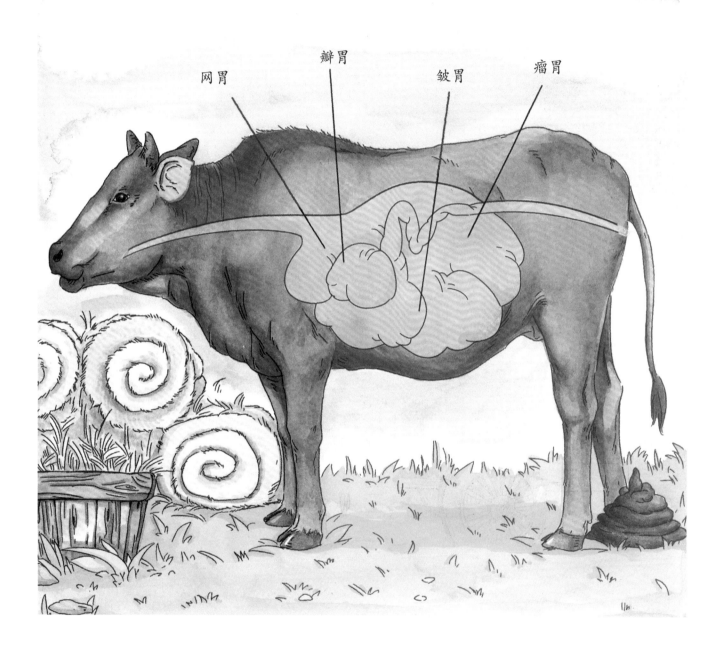

网胃　瓣胃　皱胃　瘤胃

人类只有一个胃，而牛有四个！

山羊长着长长的胡须，讨厌潮湿的地方，对食物要求严格，不会吃不干净的东西。跟牛一样，山羊也是反刍动物。

山羊大便

山羊性格活泼，喜欢登高，所以经常放养在山脚下。它们的大便一粒粒的，像黑色的豆子。

小尾寒羊个体高大，皮毛好，繁殖能力强，是我国优秀的绵羊品种。

挤山羊奶

羊毛袜

羊毛衣

羊毛围巾

羊奶

羊奶酪

羊毛被

羊奶皂

羊乳能制作成各种各样的奶制品，皮和毛还能制成各种保暖衣物。

为了便于逃跑，免受攻击，马一般会站着睡觉。
即使在白天，它们也站着打盹儿。

马喜欢吃甜味的食物，比如胡萝卜、糖浆，
讨厌吃酸味的东西。

马的四肢修长而健壮，擅长奔跑。在古代，马是人们重要的交通工具。

马

驴

骡

骡的耳朵比马大，像驴的耳朵一样又长又尖。

马的尾巴长而浓密，骡的尾巴短，且毛发相对较少。

马有长长的鬃毛，骡子的鬃毛则短短的，更像驴。

　　驴的外形跟马很像，但没有马那么健壮。骡则是马和驴杂交所生。骡综合了马和驴的特点，个头比驴大，身体比马强壮。

家兔繁殖能力极强，
一年产崽很多次。

家兔之所以喜欢啃咬东
西，是因为它们的牙齿
在不断生长，需要通过
磨牙来维持一定的长度。

兔子长着长长的耳朵，短短的尾巴，胆子非常小。
即使轻微的声音，也可能惊吓到它们。

野兔喜欢独自生活，因此遇到天敌的机会比家兔多。
这使得野兔的听觉更灵敏，奔跑速度也更快。

穴兔是家兔的祖先，过着群居生活，
有打洞做窝的本领，会挖掘复杂的
地洞网

野兔出生时已有体毛，眼睛张开。

家兔出生时没有体毛，闭着眼睛。

野兔和家兔虽然模样相似，却有着迥然不同的生活习性。

奇特的茎叶

美丽的花草

植物的馈赠

不一样的植物

史前动物与身边动物

沙漠动物与水中动物

极地动物与热带动物

地上和地下的动物王国

汽车飞机跑得快

轮船列车肚量大

工程机械好帮手

让一让城市作业车

花样主食和糕点

蔬菜水果要多吃

肉类水产营养多

大豆和调味品的秘密

海洋生物大揭秘

另类海洋生物

海底宝藏探秘

不可捉摸的海洋

奇妙的身体和衣服

身边的科学

物品哪里来

神奇电器仿生学

神奇的地球

善变的地球

地球和恒星

从银河系到宇宙

图书在版编目（CIP）数据

史前动物与身边动物 / 蓝灯童画著绘 . —— 兰州：
甘肃科学技术出版社 , 2020.12
　ISBN 978-7-5424-2800-4

　Ⅰ . ①史… Ⅱ . ①蓝… Ⅲ . ①动物 – 普及读物 Ⅳ .
① Q95–49

中国版本图书馆 CIP 数据核字 (2021) 第 002984 号

SHIQIAN DONGWU YU SHENBIAN DONGWU
史前动物与身边动物

蓝灯童画　著绘

项目团队　星图说
责任编辑　宋学娟
封面设计　吕宜昌

出　　版　甘肃科学技术出版社
社　　址　兰州市城关区曹家巷1号新闻出版大厦　　730030
网　　址　www.gskejipress.com
电　　话　0931-8125103（编辑部）0931-8773237（发行部）

发　　行　甘肃科学技术出版社　　　　印　刷　天津博海升印刷有限公司
开　　本　889mm×1082mm　1/16　　　印　张　3.5　　字　数　24千
版　　次　2021年10月第1版
印　　次　2021年10月第1次印刷
书　　号　ISBN 978-7-5424-2800-4　　定　价　58.00元